学习强国
xuexi.cn

U0242942

太空教师天文课

宇宙的边疆

"学习强国"学习平台 组编

科学普及出版社

·北 京·

编 委 会

学术顾问： 赵公博　姜晓军

主　　编： 陆　烨　张　文

副 主 编： 田　斌　吴　婷

编　　撰： 张兆都　朱文悦

参编人员： 王汇娟　王佳琪　闫　岩　周桂萍　王　炜
　　　　　　李海宁　李　然　任致远　邱　鹏　杨　明
　　　　　　曹　莉　张　超　张鹏辉　贺治瑞　张媛媛
　　　　　　胡惠雯　谭冰杰　杨　雪　陈　夏　李　轶

科学审核： 邓元勇　陈学雷　李　菂　刘　静　赵永恒

支持单位

（按汉语拼音排序）

国家航天局

南京大学

中国科学院国家天文台

中国科学院紫金山天文台

序

———•———

习近平总书记高度重视航天事业发展，指出"航天梦是强国梦的重要组成部分"。在以习近平同志为核心的党中央坚强领导下，广大航天领域工作者勇攀科技高峰，一批批重大工程成就举世瞩目，我国航天科技实现跨越式发展，航天强国建设迈出坚实步伐，航天人才队伍不断壮大。

欣闻"学习强国"学习平台携手科学普及出版社，联合打造了航天强国主题下兼具科普性、趣味性的青少年读物《学习强国太空教师天文课》，以此套书展现我国航天强国建设历程及人类太空探索历程，用绘本的形式全景呈现我国在太空探索中取得的历史性成就，普及航天知识，不仅能让青少年认识了解我国丰硕的航天科技成果、重大科学发现及重大基础理论突破，还能激发他们的兴趣，点燃他们心中科学的火种，助力青少年的科学启蒙。

　　这套书在立足权威科普信息的基础上，充分考虑到青少年的阅读习惯，用贴近青少年认知水平的方式普及知识，内容涉及天文、历史、物理、地理等多领域学科，融思想性、科学性、知识性、趣味性为一体，是一套普及科学技术知识、弘扬科学精神、传播科学思想、倡导科学方法的青少年科普佳作。

　　我衷心期盼这套书能引领青少年走近航天领域，从小树立远大志向，勇担航天强国使命，将中国航天精神代代相传。

中国探月工程总设计师

中国工程院院士

2024 年 3 月

"天阶夜色凉如水，卧看牵牛织女星。"

"云母屏风烛影深，长河渐落晓星沉。"

这些都是古人仰望星空的浪漫想象。在那深邃的夜空中是否有一些天体不属于银河系，而是存在

于更为遥远的宇宙空间呢？

让我们跟随"太空教师"王亚平的脚步，开启探索之旅吧！

目 录

01

仙女星系

扫码观看在线课程

流星、彗星、行星、恒星、球状星团、星云……夜空中的景色是一场视觉盛宴。

如果没有望远镜，我们仅凭肉眼能够看到的最远的天体是什么呢？答案是仙女星系。

仙女星系和银河系是邻居！

或许有一天我们能去仙女星系做客。

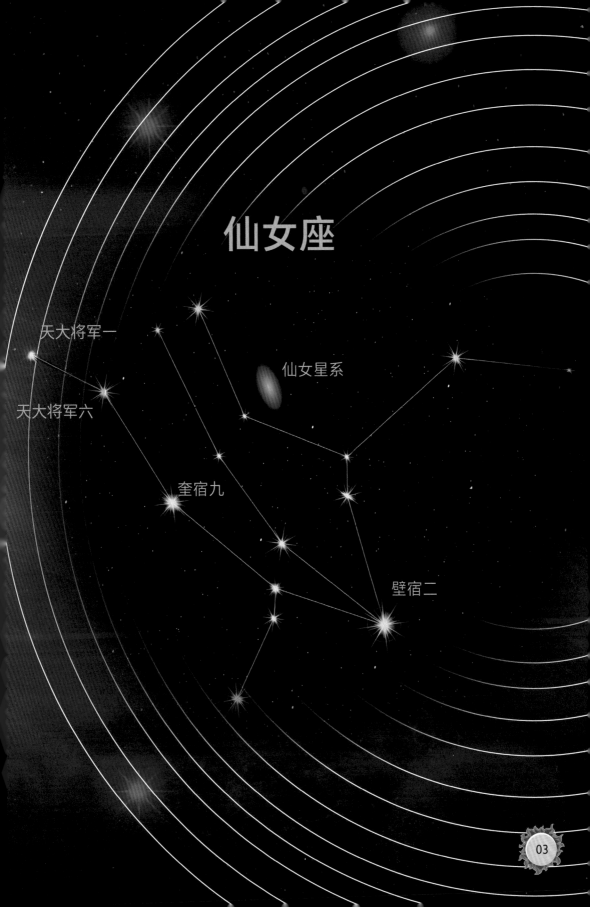

仙女座

天大将军一

天大将军六

仙女星系

奎宿九

壁宿二

仙女星系距离银河系约 250 万光年，是我们人类肉眼可见的最远的深空天体。它的直径超过 22 万光年。它和银河系一样主要由恒星组成，但它的质量比银河系大了不少。

　　银河系大概拥有 4000 亿颗恒星，而根据斯皮策空间望远镜观测到的数据，仙女星系拥有的恒星数量接近 1 万亿颗，是银河系的 2 倍还多。

银河系小档案

- -

住　　址▶本星系群。

恒星数量▶约 4000 亿颗。

外貌特点▶本星系群中第二高大的成员。

据研究，银河系和仙女星系预计在 37.5 亿年后发生碰撞，如果那时仰望夜空，看到的景象将和现在完全不同。

∧ 仙女星系和银河系碰撞示意图

仙女星系小档案

住　　址▶本星系群。

恒星数量▶接近 1 万亿颗。

外貌特点▶本星系群中最高大的成员。

墨子巡天望远镜是截至目前全球唯一的大口径兼大视场光学时域巡天望远镜，也是北半球巡天能力最强的设备。墨子巡天望远镜于 2023 年 9 月 17 日正式启用，同日便公布了一张拍摄到的仙女星系照片。

墨子巡天望远镜的名字是为了纪念中国古代科学家墨子，他被誉为"世界光学第一人"。

02

本星系群
与宇宙中的星系形态

扫码观看在线课程

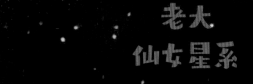

老大
仙女星系

其实，仙女星系和银河系同属于一个被称作本星系群的星系群，并且是这个星系群里最大和第二大的两个星系。

老二
银河系

那你知道本星系群中第三大
的星系是哪个吗？

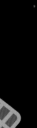

第三大的星系被称作三角星系，编号 M33，质量略小于银河系。

想一想

你知道三角星系编号中的 M 代表什么吗？

神秘的字母M

也许你已经注意到了，我们介绍三角星系时提到了它的编号 M33。

其实，这里的 M 是梅西叶星云星团表（Messier Catalogue）的缩写，由法国天文学家梅西叶编制。

本星系群的三个大星系都有类似的形态，恒星集中在一个圆盘面上，并且可以看到明显的旋臂结构。

这些星系被称作旋涡星系，但在宇宙中并非所有星系都是如此。

∧ 椭圆星系

另一类主要的星系是椭圆星系，它们看上去像是由恒星组成的椭球体，颜色比旋涡星系红一些。

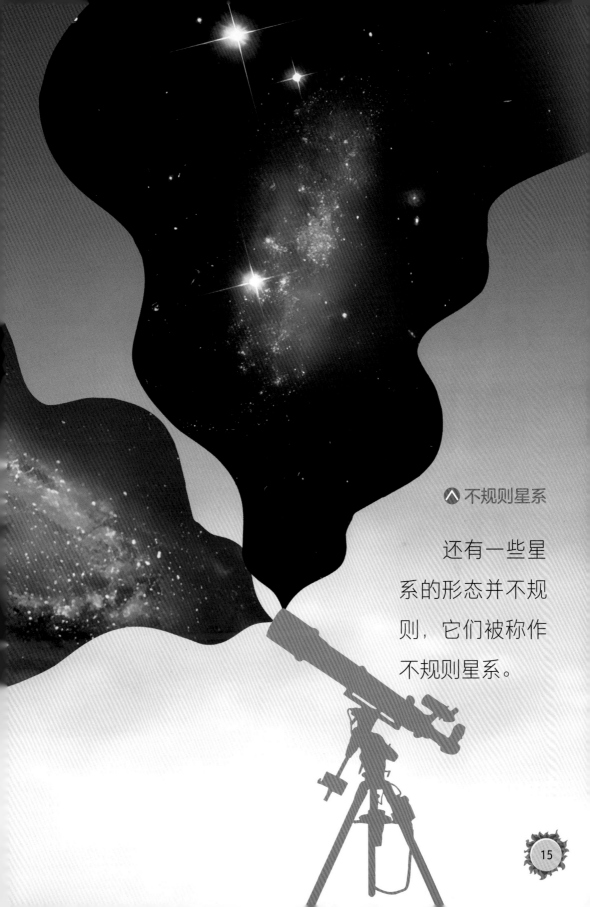

∧ 不规则星系

还有一些星系的形态并不规则，它们被称作不规则星系。

星系在宇宙中总是组成集团吗？答案是：不一定。在一些宇宙区域，星系会明显地聚集成团，形成本星系群这样的星系集合，甚至形成更为巨大的星系团结构，一些大星系团中可能包含上百个明亮的大星系。但也有一些星系处于相对孤立的区域，距离其他大星系很远。

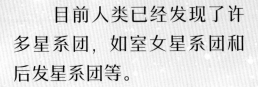

目前人类已经发现了许多星系团，如室女星系团和后发星系团等。

∧ 室女星系团

银河系中有许多恒星聚集在一起组成星团。星团主要分为疏散星团和球状星团两大类。昴星团是疏散星团，位于武仙座的M13是北天球最亮的球状星团。

∧ 昴星团

M13

03

宇宙空间的膨胀

扫码观看在线课程

有趣的是，在发现河外星系不久，天文学家就发现宇宙的结构不是恒定不变的。

　　美国天文学家埃德温·哈勃发现了一个重要的定律。

科学家档案

姓　　名▶埃德温·哈勃。

生 卒 年▶1889—1953 年。

人物简介▶他是星系天文学的奠基人、观测宇宙学的创始人。

成　　就▶第一次测定河外星系距离，发现哈勃定律。

︿哈勃空间望远镜

距离我们越远的星系，
在以越快的速度远离我们。

——哈勃定律

现代天文学认为埃德温·哈勃的发现证明了宇宙空间的膨胀。

我们可以把宇宙空间想象成一块巨大的面包，而星系是这块面包上的葡萄干。当面包在烘烤过程中膨胀时，葡萄干就会随着面包的膨胀远离彼此。最初相距越远的葡萄干，在膨胀的过程中远离彼此的速度就越快。

感觉身体在膨胀。

04

宇宙的诞生

扫码观看在线课程

宇宙膨胀意味着宇宙是在不断演化的，昨天的宇宙会比今天的宇宙具有更高的密度，昨天星系之间的距离也比今天星系之间的距离更近。

如果我们不断地追溯过去，那么一定存在一个时刻，宇宙的密度会高于今天星系的密度，在那个时刻，星系是不可能存在的。

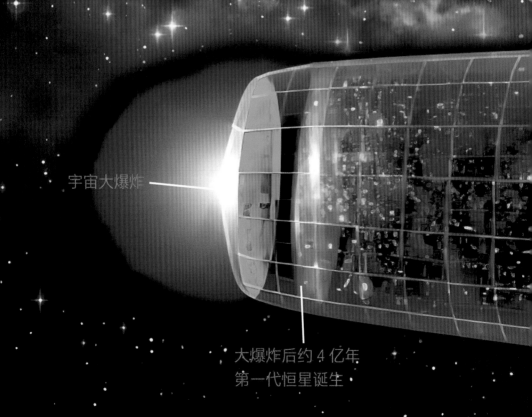

宇宙大爆炸

大爆炸后约 4 亿年
第一代恒星诞生

现代宇宙学理论认为，追溯到遥远的过去，宇宙的密度和温度都非常高。今天璀璨的星系世界，都是从这个高温、高密度的状态演化而来的。

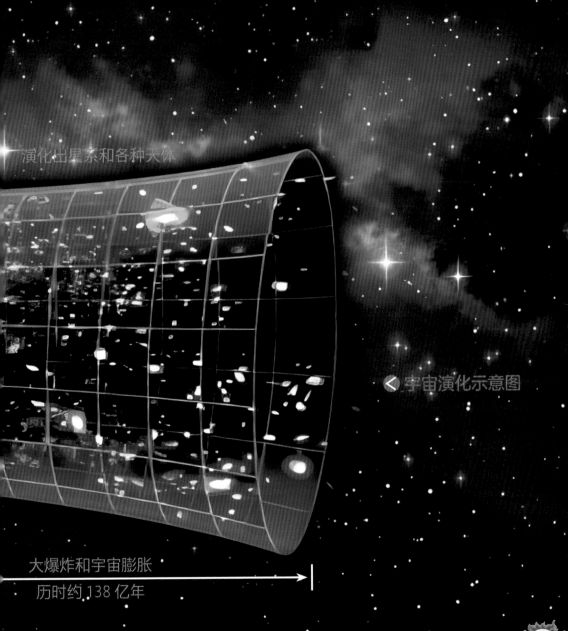

演化出星系和各种天体

◀宇宙演化示意图

大爆炸和宇宙膨胀

历时约 138 亿年

宇宙大爆炸理论认为宇宙
曾有一段从热到冷的演化史。

快看！好像有
什么东西爆炸了！

这是宇宙诞生的瞬间！

　　大爆炸之后宇宙不断膨胀，导致温度和密度快速下降，逐步形成原子核、原子、分子，并复合成为气体。

　　气体逐渐凝聚成星云，进一步形成各种各样的恒星和星系，最终形成我们如今看到的宇宙。

∧ 宇宙开端模拟图

如果想要精确了解宇宙的演化，需要观
测海量的星系，更加精确地绘制宇宙的结构
演化图。

↑ "东方红一号"卫星

我国第一颗人造卫星

　　1970 年 4 月 24 日，我国发射"东方红一号"卫星，这是我国发射的第一颗人造卫星。它的成功发射开启了我国探索浩瀚宇宙的新纪元。自 2016 年起，我国将每年 4 月 24 日设立为"中国航天日"。

我国卫星发展大事记

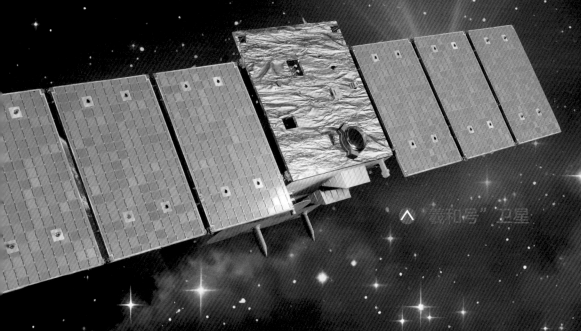

∧ "羲和号"卫星

2000 年

"北斗一号"系统建成，我国成为世界上第三个拥有卫星导航系统的国家。

1970 年

"东方红一号"卫星发射，这是我国首颗人造卫星。

1

2

3

4

2012 年

"北斗二号"系统建成，面向亚太地区提供无源定位服务。

1984 年

"东方红二号"卫星发射，我国成为世界上第五个掌握卫星通信能力的国家。

2021 年

"羲和号"卫星发射，这是我国首颗太阳探测卫星，标志着我国太空探测正式步入"探日"时代。

8

2016 年

"墨子号"卫星发射，这是世界首颗量子科学实验卫星。

7

2020 年

"北斗三号"系统正式建成开通，面向全球提供卫星导航服务，标志着北斗系统"三步走"发展战略圆满完成。

6

5

2015 年

"悟空号"卫星发射，这是我国首颗暗物质粒子探测卫星。

逐梦星辰

虽然宇宙非常神秘，但是我们探索的脚步是不会停歇的。从古到今，人类的探索精神始终驱动着我们不断地向前迈进，探寻宇宙的奥秘。让我们一起去探索更遥远的深空吧！

仰观宇宙之大，俯察品类之盛。

——王羲之《兰亭集序》

星垂平野阔，月涌大江流。

——杜甫《旅夜书怀》

星月皎洁，明河在天。

——欧阳修《秋声赋》

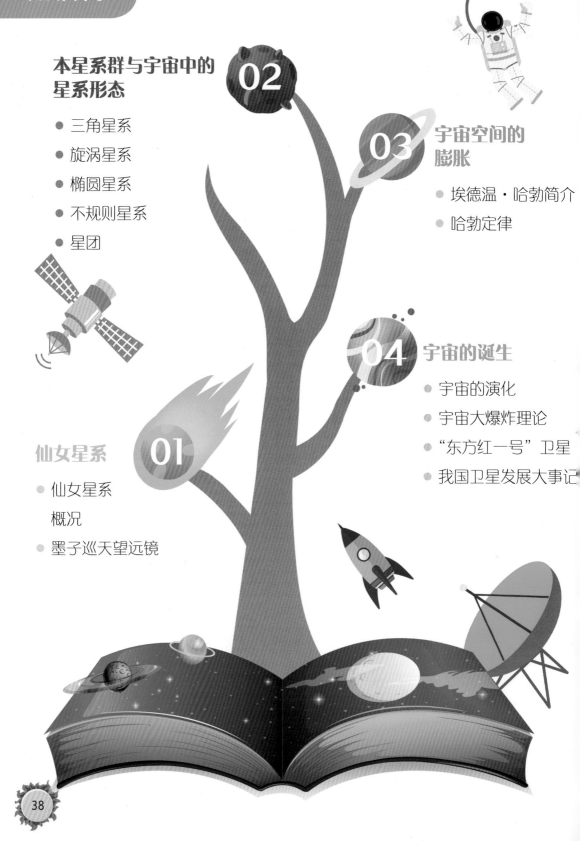

本星系群与宇宙中的星系形态

- 三角星系
- 旋涡星系
- 椭圆星系
- 不规则星系
- 星团

02

03 宇宙空间的膨胀

- 埃德温·哈勃简介
- 哈勃定律

04 宇宙的诞生

- 宇宙的演化
- 宇宙大爆炸理论
- "东方红一号"卫星
- 我国卫星发展大事记

仙女星系

- 仙女星系概况
- 墨子巡天望远镜

01